BEI GRIN MACHT SICH IHR WISSEN BEZAHLT

- Wir veröffentlichen Ihre Hausarbeit,
  Bachelor- und Masterarbeit

- Ihr eigenes eBook und Buch -
  weltweit in allen wichtigen Shops

- Verdienen Sie an jedem Verkauf

Jetzt bei www.GRIN.com hochladen
und kostenlos publizieren

Bibliografische Information der Deutschen Nationalbibliothek:

Die Deutsche Bibliothek verzeichnet diese Publikation in der Deutschen National-
bibliografie; detaillierte bibliografische Daten sind im Internet über http://dnb.d-
nb.de/ abrufbar.

Impressum:

Copyright © 2010 GRIN Verlag, Open Publishing GmbH
Druck und Bindung: Books on Demand GmbH, Norderstedt Germany
ISBN: 9783640575817

Dieses Buch bei GRIN:

http://www.grin.com/de/e-book/146673/tuerkische-unternehmer-in-deutschland

Baris Peker

Türkische Unternehmer in Deutschland

GRIN Verlag

GRIN - Your knowledge has value

Der GRIN Verlag publiziert seit 1998 wissenschaftliche Arbeiten von Studenten, Hochschullehrern und anderen Akademikern als eBook und gedrucktes Buch. Die Verlagswebsite www.grin.com ist die ideale Plattform zur Veröffentlichung von Hausarbeiten, Abschlussarbeiten, wissenschaftlichen Aufsätzen, Dissertationen und Fachbüchern.

Besuchen Sie uns im Internet:

http://www.grin.com/

http://www.facebook.com/grincom

http://www.twitter.com/grin_com

Inhaltsverzeichnis

1 Einleitung

In deutschen Großstädten ist es heutzutage nichts Außergewöhnliches mehr, seinen Hunger in einem Dönerladen zu stillen oder sein Obst von einem türkischen Lebensmittelhändler zu beziehen. Diese Beispiele für geschäftliche Aktivitäten dienen innerhalb der deutschen Gesellschaft als klischeehafte Bilder zur Identifizierung der türkischen Kultur und werden häufig von politischen Entscheidungsträgern für populistische Kampagnen instrumentalisiert. Als Folge der zahlreichen politischen Auseinandersetzungen über die Integration von Migranten bringt die Thematisierung der Selbstständigkeit der Türken in Deutschland einen überaus wichtigen Aspekt zum Ausdruck.

Der Schwerpunkt dieser Arbeit liegt folglich darin, die Entwicklung der türkischen Unternehmen in Deutschland genauer zu analysieren, die Ursachen für diese Entwicklung zu nennen und zu erklären, um schließlich auf die daraus resultierenden sozialen und wirtschaftlichen Strukturen näher einzugehen.

Die Beantwortung der Frage nach der Bedeutung dieser Gruppe für den zukünftigen Status der deutschen Volkswirtschaft und Gesellschaft steht bei dieser Untersuchung im Vordergrund.

Als erstes wird kurz erklärt weshalb die Türken als Gastarbeiter nach Deutschland kamen und wie sich deren sowohl quantitative als auch qualitative wirtschaftliche Entwicklung hierzulande vollzogen hat. Im darauffolgenden Kapitel werden die Motive für die Gründung eines Unternehmens genauer untersucht. Anhand dieser teils externen teils internen Faktoren soll erklärt werden, warum es vor allem innerhalb dieser ethnischen Gruppe zu einem überdurchschnittlichen Anstieg selbstständiger Tätigkeiten bzw. Unternehmensgründungen kam. In dem letzten Teil dieser Arbeit werden schließlich die Auswirkungen der zuvor beschriebenen Entwicklungsstufen auf die sozialen und wirtschaftlichen Strukturen der türkischen Unternehmen analysiert, wobei die Existenz der kulturspezifischen Gegebenheiten von besonderer Bedeutung ist. Hierbei sollen auch die strukturellen Probleme der türkischstämmigen Selbstständigen Erwähnung finden, die einer weiteren positiven Entwicklung entgegen wirken könnten.

2 Vom Arbeitnehmer zum Arbeitgeber

Im Jahre 1961 wurde das Anwerbeabkommen zwischen Deutschland und der Türkei geschlossen. Noch in demselben Jahr kamen dann die ersten Tausend türkischen Gastarbeiter nach Deutschland, die in feierlichen Zeremonien empfangen wurden. Der Grund dafür war, dass es in Deutschland, zum einen wegen der zahlreichen Kriegsopfer und zum anderen aufgrund des sog. Wirtschaftswunders der 1950er und 1960er Jahre, zu viele unbesetzte Arbeitsstellen gab, während in der Türkei eine sowohl politische als auch wirtschaftliche Unsicherheit herrschte. Der größte Teil der in Deutschland lebenden Türken siedelte in den 1970er Jahren nach Deutschland um. Es handelte sich dabei überwiegend um wenig gebildete ungelernte Arbeitskräfte, die in der Heimat Landwirtschaft betrieben hatten und nun als Gastarbeiter in der Schwerindustrie eingesetzt wurden. Viele hatten die Absicht nur einige Jahre in der Bundesrepublik Geld zu verdienen und anzusparen, um später wieder in die Türkei zurückzukehren und sich dort eine bessere Existenz aufzubauen. Einige verwirklichten diesen Plan auch, andere wiederum merkten, dass sie in ihrer alten Heimat kaum Möglichkeiten zu wirtschaftlichem Fortkommen hatten. Zu diesem Zeitpunkt (1973) lebten bereits 910.000 Türken in der Bundesrepublik. Sie entschieden sich dazu, als Reaktion auf den Anwerbestopp im Jahr 1973, auch ihre Familien nach Deutschland zu holen, wo sie sich einen sicheren Arbeitsplatz erhofften. Der Zuzug der Familie führte dazu, dass sich die Gastarbeiter nun auf einen längeren Aufenthalt einstellten.

Am 31.12.2008 lebten ca. 2,6 Millionen türkischstämmige Menschen in Deutschland, von denen 1.688.000 die türkische Staatsbürgerschaft besaßen.[1] Die große Mehrheit der türkischen Migranten lebt in den Großstädten der alten Bundesländer. Seit dem Inkrafttreten des Abkommens aus dem Jahre 1961 hat sich innerhalb der türkischen Bevölkerung ein deutlicher sozialer Wandel vollzogen. Die ehemaligen Gastarbeiter stellen nur noch eine Minderheit, die große Mehrheit bildet sich aus den Nachgezogenen (die zweite Generation) und den in Deutschland Geborenen (die dritte Generation).[2]

Die Anzahl der von türkischen Migranten gegründeten Unternehmen stieg erst langsam an. So gab es beispielsweise 1975 erst 100 türkische Selbstständige.[3] Seitdem kann man unter der türkischstämmigen Bevölkerung in Deutschland ein starkes Wachstum an Unternehmensgründungen feststellen. Von 1985 bis 2000 hat sich die Zahl der türkischstämmigen Selbstständigen, trotz konjunktureller Schwankungen, von 22.000 auf 59.500 erhöht (vgl. Abb. 1). 2007 waren es schon 72.000 Unternehmen hierzulande, die 350.000 Mitarbeiter beschäftigten und deren Gesamtumsatz 36 Milliarden Euro betrug. Das Investitionsvolumen belief sich auf ca. 8 Mrd. Euro.[4]

---

[1] Vgl. Statistisches Bundesamt
[2] Vgl. Sauer 2004: 7-9
[3] Vgl. Goldberg und Sen 1999: 29

2

Abb. 1: Entwicklung der türkischen Selbständigen in Deutschland

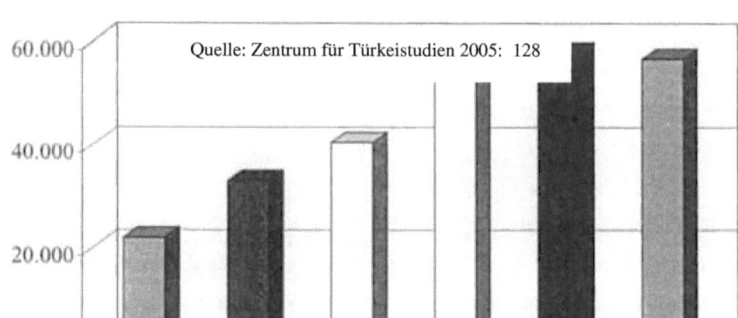

Quelle: Zentrum für Türkeistudien 2005: 128

Neben der quantitativen ist jedoch auch eine qualitative Entwicklung der türkischen Unternehmen ersichtlich. Aus Imbissbuden wurden Restaurants, aus Flugticketverkäufern serviceorientierte Reisebüros und ehemalige Dönerverkäufer gründeten große Fleischproduktionsstätten.[5]

In der öffentlichen Wahrnehmung hingegen treten türkische Unternehmer in erster Linie als Dönerverkäufer und Lebensmittelhändler auf. Die Tätigkeitsschwerpunkte liegen im Einzelhandel und in der Gastronomie, da hier verglichen mit anderen Branchen ein geringer Kapitalbedarf und kaum fachliche oder schulische Vorqualifikationen erforderlich sind.

Wie bereits erwähnt, war es vor allem die erste Generation, die eine geringe schulische Laufbahn vorweisen konnte und somit auch jene Branchen für die Selbstständigkeit bevorzugte. Während in diesen Bereichen jedoch Jahr für Jahr ein leichter Rückgang zu verzeichnen ist, gewinnen zukunftsorientierte Branchen zunehmend an Bedeutung. Die zunehmende schulische und berufliche Qualifikation der jüngeren Türken bietet neue Beschäftigungsmöglichkeiten im wachsenden Dienstleistungssektor. Das türkische Unternehmertum in Deutschland befindet sich somit erst am Anfang seiner Entwicklung und schreitet stetig voran.[6]

Eine Studie, die in Zusammenarbeit der Beratungsgesellschaft KPMG und dem Zentrum für Türkeistudien entstand, bestätigt diesen positiven Trend. Bis zum Jahr 2015 wird ein Anstieg

---

[3] Vgl. Haak, 2009
[5] Vgl. Zentrum für Türkeistudien 2005: 128
[6] Vgl. Zentrum für Türkeistudien 2005: 129

der Zahl türkischer Selbstständiger auf 120.000 erwartet, welche dann ca. 720.000 Mitarbeiter beschäftigen sollen.[7]

3 Motivation zur Gründung eines Unternehmens

3.1 Änderung der rechtlichen Rahmenbedingungen

Als die ersten Gastarbeiter in den 1960er Jahren nach Deutschland kamen, waren die Regelungen des Ausländergesetzes sehr streng. Aufgrund ihres Aufenthaltsstatus bestand für sie keine Möglichkeit zur unternehmerischen Selbstständigkeit. Nahezu alle in Deutschland lebenden Türken durften keine Unternehmen gründen. Die ersten türkischen Unternehmen wurden in der Regel illegal über deutsche Strohmänner gegründet. Seit Ende der 1980er Jahre hat sich diese Situation aber deutlich verändert. Alle Ausländer in Deutschland, die einen Aufenthaltstitel hatten, durften nun selbständige Erwerbsarbeit ausüben. Als dann auch noch im gleichen Zeitraum mehrere Personen unbefristet gesicherte Aufenthaltstitel beantragten, die sie dann schließlich auch bekamen, stieg die Zahl der Betriebsgründungen jährlich stetig an. Im Jahr 2001 verfügten bereits rund 56 % der türkischstämmigen Personen in Deutschland über einen Aufenthaltstatus, der ihnen die Selbstständigkeit gestattete. Für alle anderen war selbstständige Erwerbstätigkeit zwar weiterhin verboten aber das wirtschaftspolitische Interesse an der Förderung kleiner und mittelständiger Betriebe führte in den letzten Jahren dazu, dass immer mehr Anträge zur Aufhebung dieses Verbots genehmigt wurden.[8]

Ein weiterer wichtiger Aspekt liegt in den speziellen Rechtsvorschriften für bestimmte Tätigkeitsfelder. Davon betroffen sind vor allem jene Ausländer, die das deutsche Ausbildungssystem nicht durchlaufen haben. Als Beispiel wären hier unter anderem die Regelungen im Bereich des Handwerks zu nennen, die insbesondere ein Hindernis für türkische Einwanderer darstellen. Vorraussetzung für die Ausführung der Handwerkstätigkeit ist nämlich eine in Deutschland erworbene Qualifikation wie z.B. ein Meisterbrief. Für die EU-Bürger gilt hingegen seit dem 01.01.1970 eine Ausnahmeregelung unter der Vorraussetzung, dass man in dem entsprechenden Handwerk eine bestimmte Mindestzeit lang tätig war. In der Türkei erworbene Abschlüsse werden aufgrund fehlender Vereinbarungen nicht anerkannt. Kenntnisse und Fähigkeiten die man in der Heimat erlernen konnte, beispielsweise durch die Mithilfe im elterlichen Betrieb, werden somit wertlos. Hierdurch wird letztendlich bis heute die sektorale Struktur der Beschäftigungsverhältnisse in gewissem

---

[7] Vgl. Haak, 2009
[8] Vgl. Pütz 2003 (a): 27

Maße beeinflusst, da als Option oft nur die Gründung in einer Branche verbleibt, für die geringe oder keine Auflagen bestehen. Hierzu zählen beispielsweise „handwerksähnliche" Gewerbebetriebe wie Änderungsschneidereien und Schuhreparaturen, in denen sich in den vergangenen Jahren besonders viele Unternehmer türkischer Herkunft selbstständig gemacht haben.[9]

3.2 Ethnic Business als Erklärungsfaktor

3.2.1 Erklärungsansatz Nischenmarkt

Das Nischenmodell geht davon aus, dass Migranten aus bestimmten Ländern aufgrund homogener Konsumbedürfnisse eine spezifische Nachfrage im Aufnahmeland schaffen und dass Selbstständige der gleichen Herkunft diese Marktnische besetzen.[10]

Während der 1960er und 1970er Jahre entstanden den deutschen Zöllnern noch einige Probleme bei der Einreise der türkischen Arbeitnehmer, die ihren Urlaub in ihrer Heimat verbracht hatten und mit den verschiedensten Lebensmitteln zurückkehrten. Die Gastarbeiter besaßen spezielle Konsumgewohnheiten und Bedürfnisse, die von den deutschen Anbietern kaum befriedigt werden konnten.

Als es Ende der 1960er Jahre zu den ersten Massenentlassungen in der Montanindustrie kam, waren besonders die Gastarbeiter davon betroffen. Diese neue und für die meisten unerwartete Arbeitssituation erforderte eine rasche Anpassung und die Erschließung alternativer Beschäftigungsmöglichkeiten. Aufgrund der mangelnden Orientierung des Angebots an den Wünschen der türkischen Migranten existierten wirtschaftliche Nischen, deren spezifische Nachfrage im Laufe der Jahre zunehmend durch Lebensmittelgeschäfte, Bestattungsunternehmen sowie Reise- und Übersetzungsbüros befriedigt wurde.[11]

Besonders die Städte bzw. Stadtteile mit einem hohen Ausländeranteil werden durch diese Betriebe geprägt. Diese klassischen Gründungsbeispiele datieren zwar auf die Pionierzeit des türkischen Unternehmertums in Deutschland, dennoch bestimmen sie die öffentlichen Wahrnehmungen auch heute noch. In den 1980er und 1990er Jahren weiteten sich die wirtschaftlichen Aktivitäten auf neue Branchen aus, die ebenfalls der Nischenmarktorientierung zuzurechnen sind, aber die Bedürfnisse der schon seit Jahrzehnten

---

[9] Vgl. Pütz 2003 (a): 28
[10] Vgl. Pütz 2003 (a): 29
[11] Vgl. Pütz 2003 (a): 29

hier lebenden Türken befriedigen (Buchhandlungen, TV- und Radiosender, Druckereien, Discotheken, Brautmodeläden, etc.).

Im Zuge dieser dynamischen Entwicklung, in der die Zahl der türkischen Betriebe bzw. Unternehmen stetig zunahm, gewann schließlich auch der Bereich der hochwertigen Dienstleistungen immer mehr an Bedeutung. Heutzutage gibt es zahlreiche Rechtsanwaltkanzleien, Werbeagenturen und Unternehmensberatungen, die die Anforderungen ihrer Privat- und Geschäftskunden vor ihrem kulturellen und traditionellen Hintergrund berücksichtigen. Auch Unternehmer die in Deutschland einen Hochschulabschluss erworben haben scheinen darauf zu bauen, ihre Bildung und Kenntnisse zu nutzen, um Kunden mit türkischem Migrationshintergrund anzuwerben.[12]

Der ethnisch orientierte Markt ist jedoch häufig zu begrenzt, als dass er den Unternehmen als alleinige Einnahmequelle dienen könnte, wodurch die erfolgreiche Gewinnung auch der deutschen Kunden für den geschäftlichen Erfolg eine wichtige Rolle spielt. Darüber hinaus sorgt die zunehmende Anzahl der Bildungsinländer dafür, dass sich immer mehr türkische Unternehmer auch außerhalb der Nischen selbstständig machen. Wenn man etwa die Branchenbücher genauer betrachtet, lässt sich eine Vielzahl türkischstämmiger Unternehmen feststellen, die in den unterschiedlichsten Branchen wie z.B. Dienstleistungen, der Bauindustrie, dem Handwerk, dem produzierenden und verarbeitenden Gewerbe, sowie im Technologiebereich aktiv sind. Dort wurden in den letzten Jahren hohe Zuwachsraten verzeichnet, während der klassische nischenorientierte Bereich eher rückläufig ist. Beachtlich ist hierbei, dass die oben beschriebenen Stufen der Entwicklung der türkischen Unternehmen die gesellschaftliche Wahrnehmung hierzulande nur unwesentlich verändert haben. Wenn man an türkische Unternehmen denkt, entstehen bei einem Großteil der Bevölkerung immer noch klischeehafte Bilder von Imbissläden und Gemüsehändlern, die jedoch längst überholt sind.[13]

3.2.2 Erklärungsansatz Kulturmodell

Was machen die Türken in der Türkei um den Lebensunterhalt für sich und ihre Familie zu sichern wenn sie keinen regulären Arbeitsplatz finden? Sie leihen sich bei Verwandten oder Freunden das nötige Startkapital aus, eröffnen einen kleines Geschäft und versuchen es dann später, im Falle des Erfolges, weiter auszubauen.[14]

---

[12] Vgl. Pütz 2003 (a): 30
[13] Vgl. Sauer 2004: 12 - 13
[14] Vgl. Zentrum für Türkeistudien 2005: 127

Das Kulturmodell unterstellt, dass bestimmte ethnische Gruppen kulturell und traditionell dazu neigen ein erfolgreiches Geschäft zu führen. Auch im Gastland versuchen diese dann aufgrund unterschiedlicher Ursachen, wie z.B. Arbeitslosigkeit, ihre Existenz durch Selbstständigkeit aufrecht zu erhalten.

Berücksichtigt man die Selbstständigenquote der Türken im Herkunftsland (20 – 30 %) und die der in Deutschland lebenden Türken (ca. 6 %) wird deutlich, dass dort noch ein erhebliches Wachstumspotenzial liegt. Auch der Vergleich mit der Gesamtbevölkerung, hier liegt die Quote mit ca. 10 % weitaus höher als bei der türkischstämmigen Bevölkerung, weist auf weitere Entwicklungsmöglichkeiten hin.[15]

Insgesamt betrachtet dient das Kulturmodell jedoch nur beschränkt als ein Erklärungsansatz für die Entstehung der türkischen Unternehmen. Eine kulturell verankerte Unternehmensmentalität kann bei den meisten Gründern aus der ersten Einwanderungsgeneration nicht unterstellt werden, da, wie bereits erwähnt, der Großteil der Migranten einen landwirtschaftlichen Hintergrund hatte und somit nur die wenigsten eine Unternehmertradition mit nach Deutschland brachten.[16]

3.3 Wandel der Bleibeabsichten

Das ursprüngliche Ziel der Selbständigkeit im Heimatland wurde von den Migranten im Laufe der Zeit aufgegeben, da immer mehr von ihnen erkannten, dass ihre Rückkehrabsicht illusorisch war. Dies hat verschiedene Gründe: Zunächst hat die Jahrelange Abwesenheit eine Entfremdung von der Herkunftsgesellschaft verursacht; zu vielen Freunden und Bekannten besteht aufgrund der großen Entfernung kaum noch regelmäßiger Kontakt. Gleichzeitig lebt die große Mehrheit von ihnen in einem festen Familienverbund, weshalb sie sich nicht vorstellen können, ohne ihre Kinder und Enkel in die alte Heimat zurückzukehren. Diese sind jedoch häufig in Deutschland aufgewachsen, wo sie in soziale Netzwerke wie z.B. Schulen, Sportvereinen und Nachbarschaften eingebunden sind und somit auch die Werte und Normen der deutschen Gesellschaft verinnerlicht haben; die Türkei ist für die meisten nur noch als Urlaubsziel bekannt. Zuletzt spielt auch noch die gute medizinische Versorgung eine bedeutsame Rolle. Die harte körperliche Arbeit, die vor allem die Einwanderer der ersten Generation durchführen mussten, hat zahlreiche körperliche Leiden verursacht. So werden

---

[15] Vgl. Jung und Abaci 2005: 1
[16] Vgl. Sen o.J.: 1

wohl auch die älteren türkischen Migranten entgegen ihrer ursprünglichen Planung nicht in die Türkei zurückkehren, sondern in Deutschland bleiben.[17]

Auch das stetige Wachstum bei den Unternehmensgründungen zeigt die veränderte Sichtweise der Lebenssituation. Die Gründe dafür lagen u.a. in der Hoffnung auf ein höheres Einkommen, einen verbesserten sozialen Status in der Gesellschaft und der größeren Selbstbestimmung und Unabhängigkeit.[18] Die enge Verbundenheit mit der Bundesrepublik zeigt sich auch darin, dass im Jahr 2002 etwa 40 % der türkischen Unternehmer die deutsche Staatsbürgerschaft besaßen und ein Großteil von 73,4 % schon zwischen 11 und 30 Jahren in Deutschland lebte.[19]

Im Zuge des Wandels der Bleibeabsichten wurde somit zusehends von dem traditionellen Bild des temporären Arbeitsaufenthalts und der späteren Selbstständigkeit in der Türkei Abstand genommen und es entstand eine langfristige Zukunftsperspektive, bei der die Gründung eines eigenen Unternehmens als gute Alternative galt und immer mehr türkischstämmige Menschen Deutschland als neue Heimat sahen.[20]

3.4 Arbeitslosigkeit

Ein weiterer Aspekt zur Erklärung der Dynamik des türkischen Unternehmertums in Deutschland stellt die Bedingungen auf dem Arbeitsmarkt ins Zentrum. Die aktuellen Entwicklungen in der Weltwirtschaft führen zu gravierenden Veränderungsprozessen. Viele Arbeitskräfte, auch hochqualifizierte, sind zunehmend von Arbeitslosigkeit bedroht oder betroffen. Ein Blick auf die Arbeitsmarktdaten in Deutschland macht deutlich, dass unter der türkischstämmigen Bevölkerung eine überdurchschnittlich hohe Arbeitslosenquote vorhanden ist (vgl. Abb. 2), die schon seit der Zeit der Ölkrise höher lag als bei den deutschen Erwerbspersonen. Der Grund dafür war, dass die Türken überwiegend in der Montanindustrie eingesetzt wurden und in Folge von Rationalisierungsmaßnahmen stets als erste betroffen waren. Auch die heutigen Wirtschaftskrisen treffen die türkische Bevölkerung in erheblichem Maße. Erschwerend hinzu kommt die Tatsache, dass Menschen mit türkischer Herkunft schlechtere Chancen bei der Neuvermittlung auf dem Arbeitsmarkt haben, da sie häufig nur über eine geringe Schulbildung, fehlende oder unzureichende berufliche Qualifikationen, sowie mangelhafte Sprachkenntnisse verfügen.[21]

---

[17] Vgl. Sen und Goldberg 1994: 32
[18] Vgl. Goldberg und Sen 1999: 34
[19] Vgl. Zentrum für Türkeistudien 2005: 133
[20] Vgl. Sauer 2004: 9-10
[21] Vgl. Pütz 2003 (a): 28-29

Bei den Kindern der türkischen Einwanderer zeigen sich ebenfalls sprachliche Defizite. Die Gründe dafür liegen unter anderem in einer hohen sozialen Segregation, weshalb viele erst im Kindergarten oder teilweise sogar erst in der Grundschule mit der deutschen Sprache in Berührung kommen. Dort treffen sie dann oft auf Mitschüler die

ebenfalls nur schlecht Deutsch sprechen wodurch die Probleme verstärkt werden. Dies führt dazu, dass die Kinder bzw. Jugendliche ihre sprachlichen Defizite von der Schulzeit bis ins Berufsleben hineintragen. Viele von ihnen bekommen keine Ausbildungsstelle und dies wiederum wirkt sich negativ auf ihre Chancen auf dem Arbeitsmarkt aus.

Insbesondere für diejenigen Personen, die keinen dauerhaften Aufenthaltsstatus haben, verschärften sich die beruflichen Probleme drastisch, da ihre Aussichten auf einen Arbeitsplatz davon abhängen, ob sich ihr potenzieller Arbeitgeber zuvor um bevorrechtigte Arbeitnehmergruppen (Deutsche oder EU-Bürger) bemüht hat. Diese Vorgabe wird durch das Arbeitsamt streng kontrolliert und stellt somit ein erhebliches Beschäftigungshindernis für die von dieser Regelung betroffenen Personen dar. Im Jahr 2001 waren dies noch ca. 34 % der Migranten mit türkischer Staatsbürgerschaft.[22]

Abb. 2: Arbeitslosigkeit in Deutschland und Berlin   Quelle: Pütz 2003 (a): 28

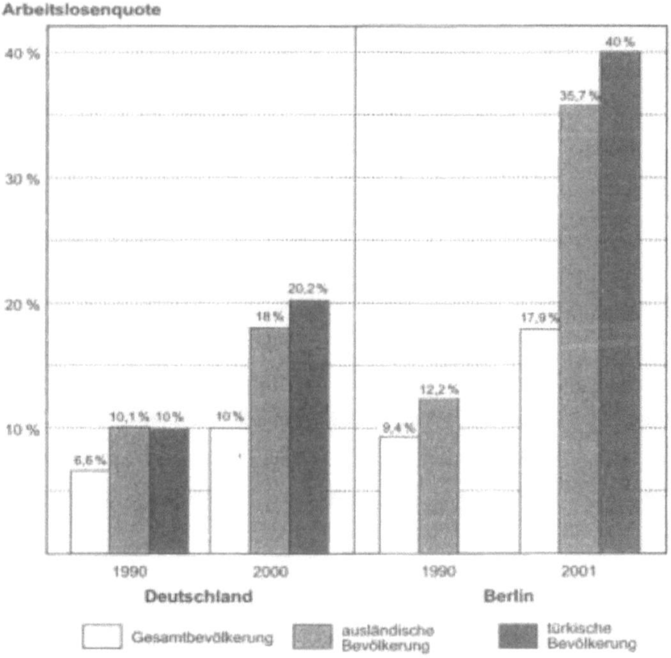

---

[22] Vgl. Pütz 2003 (a): 29

Aus der Arbeitslosigkeit heraus erfolgen die meisten Gründungen an Unternehmen. Der Großteil der Unternehmensgründungen ist als eine Überlebensstrategie in Zeiten mit schlechten Arbeitsmarktbedingungen zu charakterisieren. Die Position der Türken auf dem Arbeitsmarkt ist, nach einer genaueren Betrachtung, außerordentlich schlecht und somit ist die Arbeitslosigkeit wohl ein sehr wichtiger Faktor für die quantitative Entwicklung von türkischen Unternehmen. Selbstständigkeit aus der Not heraus ist jedoch keine gute Vorraussetzung um als Unternehmer wirtschaftlich erfolgreich zu sein (vgl. Abb. 3). Für viele ist es ein permanenter Kampf um das wirtschaftliche Überleben, weil die Einkünfte am Rande des Existenzminimums liegen. Die geringen Einnahmen verhindern wirtschaftliche Handlungsoptionen wie Investitionen oder Marketingmaßnahmen und hemmen somit das Wachstum des Unternehmens. Dies betrifft vor allem die kleinen Betriebe des Einzelhandels oder die Gastronomie. „Selbstausbeutung" und unentgeltliche Mitarbeit der Familienangehörigen werden dann häufig zu den einzigen Erfolgsfaktoren, um die Existenz des Betriebs zu sichern.[23]

Abb. 3: Ökonomische Situation der Unternehmer

Beurteilung der finanziellen Lage

„Ich habe mehr als genung"
(1%)

„Es reicht für das Nötigste"
(50,6%)

„Ich kann mir leisten, was ich mir leisten will"
(18,6%)

„Es reicht hinten und vorne nicht"
(29,8%)

Umsatzentwicklung (12 Monate)

gestiegen	22%
leicht gestiegen	16,2%
gesunken	27,7%
stark gesunken	34,1%

Quelle: Pütz 2003 (a): 29

---

[23] Vgl. Pütz 2003 (a): 29

4 Strukturen der türkischen Unternehmen

4.1 Soziale Strukturen

4.1.1 Demographie

Als Folge veränderter Bleibeabsichten und der daraus resultierenden Entstehung einer zweiten bzw. dritten Generation kam es zu grundlegenden Veränderungen innerhalb der Sozialstruktur der türkischstämmigen Bevölkerung in Deutschland. Dieser demographische Wandel äußerte auch in einem Generationswechsel bei den türkischen Unternehmen. Ein gutes Beispiel für diese neue Lage bietet sich bei einem Vergleich der beiden Branchen Handel und Dienstleistungen. Im Handel gibt es sehr viele Betriebe, die überwiegend von der ersten Generation der Einwanderer gegründet wurden. Die Unternehmen aus dem Dienstleistungsbereich, die oftmals vermittelnd zwischen den Kulturen wirkt (z.b. bei Übersetzungen oder Werbemaßnahmen), werden hingegen häufig von Mitgliedern der zweiten und dritten Generation geleitet, die in beiden Kulturen aufgewachsen sind.[24]

Laut einer Erhebung in Berlin aus dem Jahr 2005 lag das Durchschnittsalter der türkischen Unternehmer bei 43,2 Jahren. Die überwiegende Mehrheit der Unternehmer stammt aus der zweiten Generation, wobei nur dir wenigsten in Deutschland geboren wurden (5 %). Im Durchschnitt leben sie seit 26 Jahren in der Bundesrepublik. Viele von ihnen gründeten ihre Unternehmen nachdem sie ihre Ausbildung abgeschlossen und einige Jahre Berufserfahrung gesammelt hatten. Obwohl diese also eine gewisse Zeit in abhängigen und damit vermeintlich sicheren Beschäftigungsverhältnissen gearbeitet hatten, war bei ihnen sowohl die notwendige Flexibilität als auch Risikobereitschaft vorhanden, die für die berufliche Selbstständigkeit von großer Bedeutung ist.[25]

4.1.2 Bildung

Mehr als ein Drittel der Unternehmer verfügt über keine Berufsausbildung, während in etwa jeder Fünfte eine schulische oder berufliche Ausbildung abgeschlossen hat. 23 % der Selbstständigen haben eine Meister- oder Technikerausbildung hinter sich (vgl. Tab. 1). Der prozentuale Anteil der (Fach-) Hochschulabsolventen liegt bei ca. 21 %. Im Vergleich mit der türkischen Gesamtbevölkerung in Deutschland zeigt sich, dass die Selbstständigen eine bessere berufliche Qualifikation mitbringen. Betrachtet man das durchschnittliche Alter in

---

[24] Vgl. Goldberg und Sen 1999: 33
[25] Vgl. Sen und Sauer 2005: 10-11

den jeweiligen Bildungsstufen, so lässt sich hier kein signifikanter Zusammenhang erkennen, da die Werte schwanken und kein Trend festzustellen ist. Das hohe Durchschnittsalter bei Aufnahme der Selbstständigkeit lässt vermuten, dass es sich bei den Selbstständigen ohne berufliche Ausbildung um Migranten der ersten Generation handelt, die sich nach einer Phase als abhängig Beschäftigte mit kleinen Unternehmen selbstständig gemacht haben. Auch die Unternehmer mit Hochschulabschluss waren relativ alt als sie ihre Unternehmen gegründet haben, was sich schon aufgrund der längeren Ausbildungszeit ergibt.

Anhand dieser Statistik kann man feststellen, dass nicht nur ungelernte Arbeitskräfte, sondern auch einige Hochschulabsolventen nach Deutschland kamen um hier zu arbeiten, auch wenn sie eine deutliche Minderheit stellen. Es ist verständlich, dass vor allem diese Gruppe mit ihrer Tätigkeit als Arbeiter unzufrieden war und folglich ihr Glück als Unternehmer versuchte.[26] Aufgrund der guten Qualifikation ihrer Initiatoren waren dann auch viele Gründungsprojekte von Erfolg gekrönt; beispielhaft sind hier unter anderem Vural Öger (Tourismus) und Ismet Koyun (Informationstechnologie) zu nennen, denen es hervorragend gelang ihre Geschäftsideen in die Tat umzusetzen .[27]

Tab. 1: Berufliche Ausbildung, Durchschnittsalter und Alter bei Selbstständigkeit

	Prozent	Durchschnitts-alter	Alter bei Selbständigkeit
Keinen beruflichen Abschluss	36,1	43,2	32,5
Betriebliche/schulische Ausbildung	20,9	39,5	28,9
Meister/Techniker/Fachakademie	22,5	43,8	30,3
Fachhochschule	3,6	37,1	29,9
Hochschulabschluss	16,9	48,3	32,1
Gesamt	100,0	43,2	31,9

Quelle: Zentrum für Türkeistudien 2005

4.1.3 Kultur

In der türkischen Kultur übernehmen traditionell die Männer die Aufgabe für den Lebensunterhalt der Familie zu sorgen. Dies ist ein Grund, weshalb lediglich nur 22,1 % der türkischen Unternehmen von Frauen geführt werden. Im Vergleich dazu liegt der Frauenanteil unter allen Selbstständigen in Deutschland mit 28,1 % zwar um einiges höher, jedoch ist es erwähnenswert, dass Deutschland mit diesem Wert noch weg weit hinter anderen europäischen Ländern hängt. Auch hier macht sich aber der sozioökonomische Wandel

[26] Vgl. Sen und Sauer: 12
[27] Vgl. Haak, 2009

12

bemerkbar, denn es gibt immer mehr türkischstämmige Frauen, die eine Ausbildung machen oder einen Hochschulabschluss erwerben um anschließend ins Berufsleben einzusteigen. Einige wagen dann auch den Schritt in die Selbstständigkeit, wie etwa als Friseurin, als Freiberuflerin (Ärztin, Anwältin) oder im Gesundheitsbereich.[28]

Die Familie und der Bekanntenkreis spielen ebenfalls eine sehr bedeutsame Rolle bei der Betriebsgründung, da die Finanzierung des Startkapitals aufgrund mangelnder Sicherheiten von den Kreditinstituten in vielen Fällen nicht ermöglicht wird. Daher werden Kreditverträge häufig auf den Namen von Familienmitgliedern geschlossen, die eine feste Anstellung haben und somit über die erforderlichen Sicherheiten verfügen oder eine Person aus dem privaten Umfeld übernimmt eine Bürgschaft (vgl. Abb. 4).[29]

Die Familie ist jedoch nicht nur eine finanzielle Stütze für die türkischstämmigen Unternehmer. In schwierigen Situationen springen die Familienmitglieder auch als unentgeltliche Hilfskräfte ein und haben eine beratende Funktion.[30]

Abb. 4: Bedeutung von Bankkrediten und soziale Akquisition von Gründungskapital

Quelle: Pütz 2003 (b): 266

4.2 Wirtschaftliche Strukturen

Türkischstämmige Unternehmer sind mittlerweile in fast allen Branchen tätig. Dies hängt auch damit zusammen, dass sich die nachfolgenden Generationen immer besser in Deutschland integrieren. Im Kapitel 2 wurde schon kurz erwähnt, dass der Einzelhandel (36 %), die Gastronomie (23 %) und der Dienstleistungsbereich (22 %) die bevorzugten Geschäftsfelder der türkischen Selbstständigen sind (vgl. Abb. 4). Auch das Handwerk, das in

---

[28] Vgl. Zentrum für Türkeistudien 2005: 132-133
[29] Vgl. Pütz 2003 (b):
[30] Vgl. PricewaterhouseCoopers 2009: 18

der Regel größere Anforderungen an die Qualifikation der Selbstständigen stellt, macht einen nicht unerheblichen Anteil von zehn Prozent aus.[31]

Abb. 4: Branchenstruktur türkischer Selbstständiger

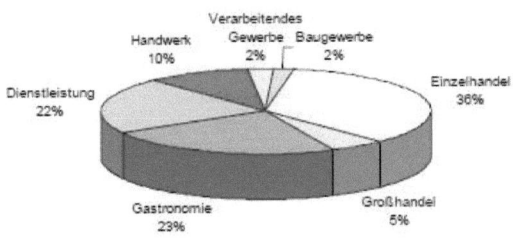

Quelle: Zentrum für Türkeistudien 2003

Ein großer Teil der türkischen Unternehmen (35 %) ist zwischen 6 und 10 Jahre alt, fast jedes zweite Unternehmen (45 %) besteht sogar länger als zehn Jahre. Etwa drei Viertel der Unternehmen wurde ohne Beratung gegründet. Die wenigen, die bei der Unternehmensgründung Ratschläge suchten, haben sich mehrheitlich von Unternehmensberatern oder Anwälten informieren lassen.[32]

Die türkischen Selbstständigen haben längst die Grenzen des eigenen ethnischen Nischemarktes überschritten und bedienen vermehrt die Wünsche auch deutscher Kunden. Nur wenn sie in gleichen Maßen die Bedürfnisse dieser Käufergruppe befriedigen, können sie im Markt erfolgreich sein und expandieren. Die türkische Gemeinschaft alleine reicht nämlich längst nicht mehr aus, das wirtschaftliche Überleben zu sichern, was man unter anderem daran sehen kann, dass nur noch knapp 19% der türkischstämmigen Unternehmen hauptsächlich mit türkischen Kunden zu tun haben (vgl. Abb.5).[33]

---

[31] Vgl. Sen und Sauer 2005: 23
[32] Vgl. PricewaterhouseCoopers 2009: 39-40
[33] Vgl. Sen und Sauer 2005: 27-28

Abb. 5: Kundenstruktur nach Nationalitäten

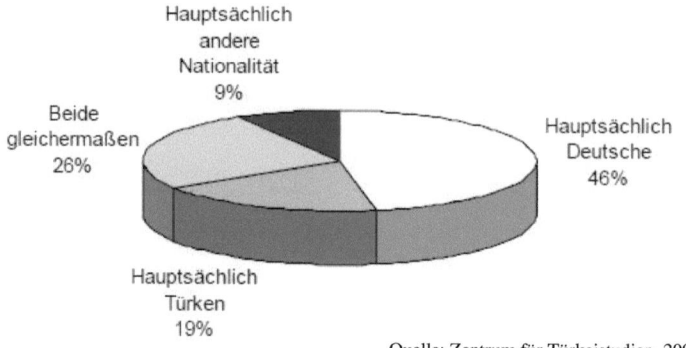

Quelle: Zentrum für Türkeistudien, 2003

Auch die Verknüpfung mit den Lieferanten und Dienstleistern weist darauf hin, dass die türkischen Unternehmen mittlerweile ein wichtiger Teil des deutschen Wirtschaftssystems sind. Die Geschäftsbeziehungen der türkischen Selbstständigen tragen dazu bei, dass die wirtschaftliche Situation der Lieferer und Dienstleister zufriedenstellend bleibt. Somit können bestehende Arbeitsplätze gesichert werden und neue entstehen. Mehr als die Hälfte der Unternehmer beziehen ihre Waren heute von deutschen Unternehmen (53 %) und nur bei knapp einem Fünftel sind es überwiegend türkische Betriebe (vgl. Abb.6).[34]

Abb. 6: Lieferantenstruktur nach Nationalitäten

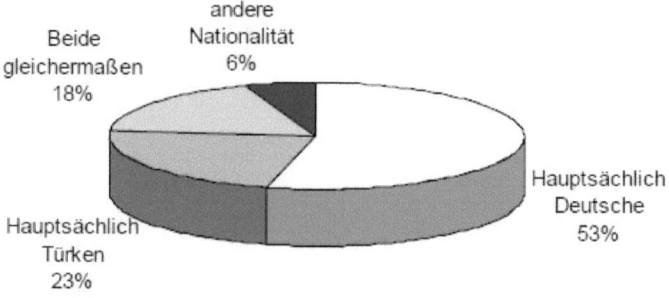

Gemäß einer Umfrage aus dem Jahr 2005 beschäftigten 82 % der befragten Unternehmen mindestens einen Mitarbeiter. Bei 44 % sind es ein bis drei und 29 % beschäftigten vier bis

---

[34] Vgl. Sen und Sauer 2005: 28-29

zehn Arbeitnehmer. Mehr als 10 Mitarbeiter sind bei 9 % der Unternehmen zu finden. Die durchschnittliche Betriebsgröße liegt bei 4,8 Beschäftigten.[35]

Eine positive Entwicklung zeigt sich auch bei der Schaffung von Ausbildungsplätzen. Während die Anzahl der Ausbildungsstätten in Deutschland aufgrund der wirtschaftlichen Situation im Rückgang begriffen ist, wovon wie in Kapitel 3.4 erwähnt, besonders die türkischen Jugendlichen betroffen sind, zeigen türkische Unternehmen eine erhöhte Bereitschaft Ausbildungsstellen anzubieten. Der Anteil der Ausbildungsbetriebe liegt mit ca. 25 % erfreulich und eine weiterhin positive Entwicklung ist wahrscheinlich.[36]

4.3 Problembereiche türkischer Selbstständiger

Trotz des Anstiegs der Zahl türkischer Unternehmer kann nicht übersehen werden, dass viele Existenzgründer und Betriebe ihre Probleme haben. Neben den typischen allgemeinen Problemen der Unternehmer (fehlende kaufmännische Kenntnisse, mangelnde Kapitalausstattung, Schwächen bei Marketing und Standortplanung, etc.) haben türkischen Unternehmer auch besondere Probleme. Diese sind sprachlicher und kultureller Natur und stehen mit der besonderen Unternehmensstruktur in Zusammenhang.

Eine Untersuchung aus dem Jahr 2005 hat folgende Hauptprobleme festgestellt:

- Kleinteilige Unternehmensstruktur und eine nicht mehr zeitgemäße Unternehmensorganisation führen zu einer geringen Produktivität.
- Viele Unternehmen sind in wirtschaftlich weniger attraktiven Branchen tätig. Gepaart mit der geringen Produktivität führt dies zu schlechten Arbeitsbedingungen. Viele Mitarbeiter müssen sehr viele Stunden für einen geringen Verdienst arbeiten.
- Mangel an qualifizierten Fachpersonal, da viele Betriebe nicht ausbilden wollen oder können.
- Existenzgründer haben Finanzprobleme, weil sie nicht in ausreichend über die öffentlichen Beratungs- und Fördermöglichkeiten informiert sind.
- Vorbehalte und Vorurteile gegenüber der deutschen Bürokratie behindern oftmals die Kontaktaufnahme mit staatlichen Stellen, wodurch Problemlösungen erschwert werden.

---

[35] Vgl. Sen und Sauer 2005: 29
[36] Vgl. Goldberg und Sen 1999: 31

- Es herrscht eine geringe Bereitschaft zur Mitgliedschaft in Fachverbänden sonst können die Unternehmer kaum von deren Unterstützung profitieren.
- Gründungen im Handwerksbereich sind für die Migranten besonders schwierig, weil nur wenige über den nach der deutschen Handwerksordnung vorgeschriebenen Meisterbrief verfügen.
- Die aus der Arbeitslosigkeit kommenden Existenzgründer sind meist sehr betreuungsbedürftig. Häufig stammen sie aus anderen Branchen in der sie nur einfache Arbeiter waren und verfügen weder über die nötige Bildung noch die Erfahrung um ein eigenes Unternehmen zu führen.

All diese Faktoren führen dazu, dass die Konkursquote der türkischen Unternehmen deutlich über der von deutschen Unternehmen liegt.[37]

5 Fazit

Die Entwicklung des türkischen Unternehmertums in Deutschland, die sich über einen Zeitraum von nun fast 50 Jahren erstreckt, lässt sich nicht monokausal betrachten. Es existieren verschiedene Faktoren, Treiber und Modelle die zur Erklärung dieses Phänomens herangezogen werden können.

In der ersten Phase gründeten die ehemaligen Gastarbeiter vereinzelt hauptsächlich kleinere Lebensmittelgeschäfte, die insbesondere auf die Befriedigung der Nachfrage in den neu entstandenen Nischenmärkten gerichtet waren, da die spezifischen Konsumwünsche der türkischstämmigen Bevölkerungsteile von den deutschen Anbietern nicht erfüllt werden konnten. Mittlerweile jedoch beschränkt sich der wirtschaftliche Tätigkeitsbereich längst nicht mehr ausschließlich auf die Besetzung dieser Nischen, vielmehr lässt sich eine zunehmende Diversifizierung der Aktivitäten in die verschiedenen ökonomischen Sektoren verzeichnen. Der Wandel der Bleibeabsichten und die damit einhergehende längere Aufenthaltszeit der Migranten führte einerseits zu einer stärkeren Identifikation mit der neuen Heimat Deutschland, zum anderen verbesserten sich dadurch auch die Möglichkeiten schulische und berufliche Qualifikationen zu erwerben, die für die erfolgreiche Eingliederung in sowohl wirtschaftliche als auch soziale Strukturen erforderlich sind. Ein weiterer Grund für die Entwicklung der selbstständigen Erwerbstätigkeit der türkischen Bürger liegt in den rechtlichen Rahmenbedingungen der Bundesrepublik, die über weite Zeitperioden von

---

[37] Vgl. Jung und Abaci 2005: 3-4

strengen Regelungen und restriktiven Arbeitsmarktbestimmungen gekennzeichnet waren. Dadurch wurden die Aktivitäten und Arbeitsfelder auf bestimmte Bereiche festgelegt bzw. beschränkt und es kam erst im Laufe der Jahre zu Anpassungen des Arbeits- und Aufenthaltsrecht. Auch die in Folge der verschiedenen Wirtschaftskrisen stark gestiegene Arbeitslosigkeit, vor allem bei den Menschen mit Migrationshintergrund, bietet einen wichtigen Erklärungsansatz für den dynamischen Verlauf der türkischen Unternehmertätigkeit. Der Weg in die Selbstständigkeit war hier oft die letzte Handlungsoption um die eigene wirtschaftliche Existenz zu sichern.

Bezüglich der Sozialstrukturen lässt sich zum einen ein starker demographischer Wandel feststellen, der sich in einem Generationswechsel bei den türkischen Selbstständigen, insbesondere im Bereich der hochwertigen Dienstleistungen, vollzogen hat und weiter fortschreitet. Das (Aus-) Bildungsniveau innerhalb der untersuchten Personengruppe zeichnet sich durch seine unterschiedlichen Ausprägungen aus, wobei die Mehrheit (ca. 64 %) mindestens über eine grundlegende Schul- oder Berufsbildung verfügt und nicht selten sogar eine akademische Laufbahn hinter sich hat. Auch die Bewahrung bzw. Fortführung kultureller und traditioneller Wertvorstellungen ist bei der analytischen Betrachtung von erheblichem Interesse, da diese ebenfalls bei der Auswahl der jeweiligen Branche eine wichtige Rolle spielten. Sowohl hinsichtlich des sozialen als auch des wirtschaftlichen Aspekts zeigt sich jedoch ein Aufbrechen veralteter Strukturen. Die Entwicklung führt weg von der herkömmlichen Nischenmarktorientierung türkischer Unternehmen und es lässt sich somit eine zunehmende Integration in die gesellschaftlichen und ökonomischen Netzwerke in Deutschland erkennen.

Abschließend lässt sich sagen, dass türkische Unternehmen durch die Schaffung neuer Arbeits- und Ausbildungsplätze einen erheblichen Beitrag zur Entlastung des nationalen Arbeitsmarktes leisten. Hiervon profitieren nämlich nicht nur die türkischen Erwerbspersonen sondern vielmehr Arbeitnehmer jedweder Nationalität und Herkunft. Durch ihre wirtschaftlichen Aktivitäten wird das Angebot an Waren und Dienstleistungen stark erweitert der Wettbewerb auf dem deutschen Markt gesteigert und durch die Entrichtung von Steuern und Abgaben entstehen dem Staatshaushalt zusätzliche Einnahmenquellen. Den türkischen Unternehmen kann somit für die zukünftige Gesamtwirtschaftliche Entwicklung eine große Bedeutung beigemessen werden, was in verschiedenen Studien unterschiedlicher Institutionen bestätigt wird.

Literaturverzeichnis

- ATIAD (2001): Türkischstämmige Unternehmer in Deutschland und Europa – die treibende Kraft, Düsseldorf.

- Bundeszentrale für politische Bildung (2002): Türkische Minderheit in Deutschland.

- Goldberg A. und Sen F. (1999): Türkische Unternehmer in Deutschland, S. 29 – 36.

- Haak K. (2008): Erfolgsgeschichten türkischer Unternehmer, http://www.handelsblatt.com/unternehmen/industrie/erfolgsgeschichten-tuerkischer-unternehmer;2103746 [Stand 15.12.1009].

- Jung, M und Abaci K. (2005): Migranten als Unternehmer in Deutschland, S. 1 – 6.

- PricewaterhouseCooper (2009): Erfolgsrezepte türkischstämmiger Unternehmer – Ein Modell für Deutschland.

- Pütz, R. (a) (2003): Unternehmer türkischer Herkunft in Deutschland In: Geographische Rundschau, Jg. 55, H. 4, S. 26 – 31.

- Pütz, R. (b) (2003): Berliner Unternehmen türkischer Herkunft In: Die Erde, S. 257 – 275.

- Dr. Sauer, M. (2004): Türkische Unternehmen in Nordrhein-Westfalen, Essen, Zentrum für Türkeistudien S. 1 – 83.

- Prof. Dr. Sen, F. (1997): Türkische Selbstständige in der Bundesrepublik. In: Geographische Rundschau, Jg. 49, H. 7-8, S. 413 – 417.

- Prof. Dr. Sen, F und Goldberg, A (1994): Türken in Deutschland; Leben zwischen zwei Kulturen, München.

- Prof. Dr. Sen, F. und Dr. Sauer, M (2005): Türkische Unternehmer in Berlin, Essen, Zentrum für Türkeistudien S. 1 – 112.

- Statistisches Bundesamt (2009): Ausländische Bevölkerung, http://www.destatis.de/jetspeed/portal/cms/Sites/destatis/Internet/DE/Content/Statistik en/Bevoelkerung/MigrationIntegration/AuslaendischeBevoelkerung/Tabellen/Content 75/Geschlecht,templateId=renderPrint.psml [Stand 10.12.2009].

- Zentrum für Türkeistudien (2005): Jahrbuch des Zentrums für Türkeistudien 2004/2005, Essen. S. 126 - 139

- Zentrum für Türkeistudien (2006): Türkisches Unternehmertum in Mülheim an der Ruhr, Essen.